Miiiaaaaaoow ....

BRISKA DE L'AVEN

SCHELLY MA CHÉRIE

WIE EINE KATZE AUS DEM TIERHEIM MEIN HERZ EROBERTE

Respekt vor Katzen
ist der Anfang
jeglichen Sinnes
für Ästhetik

Erasmus Darwin

Mein Leben begann mit einer Hündin.

Meine Schäferhündin Gunda ...

Wir beide waren noch Welpen, als wir uns kennenlernten. Sie war mein Ein und Alles, meine Göttin, meine Spielkameradin, meine ganz große Liebe ...

Dann musste sie mit 6 Jahren eingeschläfert werden und ich war jahrelang untröstlich.

Auf Gunda folgten im Laufe der Jahrzehnte noch Pudel Tanja, Schweizer Laufhund Sunny und Bruno de Jura Briska.

Nach über 45 Jahren mit Hunden sollte Briska meine letzte Fellnase sein. So war es geplant!

Es kam aber ganz, ganz anders ... Ungeplant, unerwartet, auf leisen Samtpfoten, neugierig und seeeeehr beharrlich ...

Und nicht nur einmal.

Dolly, Elli, Chili, Mia und Schelly.

Ohne diese 5 süßen Racker, die unversehens in mein Leben schneiten, wäre ich vermutlich nie von Hunden auf Katzen gekommen. Ich hätte gaaaaaanz viel versäumt und viele wundervolle und wichtige Erfahrungen nie gemacht …

Wenige Wochen, nachdem meine letzte geliebte Hündin eingeschläfert werden musste, tauchte im umzäunten Garten unserer Maisonette Wohnung eine getigerte Katze auf, die sich allmählich näherte und schließlich vorsichtig das Wohnzimmer betrat.

Zunächst nur ein, zwei Meter und nur kurz, dann aber mutiger, fing sie an, das Zimmer zu inspizieren und schließlich das ganze Erdgeschoss. Ich ließ sie gewähren und setzte mich ganz ruhig aufs Sofa …

Natürlich entdeckte sie auch die Treppe nach oben ... Sie ließ sich nach anfänglicher Scheu bald anfassen und streicheln. Ich habe sie nicht verjagt. Aber ich gab ihr auch nichts zu Fressen. Sie kam trotzdem. Ich spielte ausgelassen mit ihr, was ihr sehr zu gefallen schien. Zwischendrin ruhte sie sich aus in einer ruhigen und stressfreien Atmosphäre. Warum hätte ich ihr dieses kleine Glück verwehren sollen?

So ging es eineinhalb glückliche Jahre.

Ich war zu dieser Zeit noch beruflich tätig und immer einige Tage am Stück unterwegs. Das kannte sie. War ich zurück, war auch gleich die Katze wieder da und freute sich.

Dann kam sie plötzlich nicht mehr. Ein Tag, zwei Tage vergingen. Ich war außer mir vor Sorge.

Ich arbeite
hart, damit meine
Katze
ihr Luxusleben
genießen kann.

Unbekannt

Eine Katze besitzt
absolute emotionale
Aufrichtigkeit:
Menschen verbergen oft
ihre Gefühle aus dem
einen oder anderen Grund,
eine Katze tut das nicht.

Ernest Hemingway

Ich liebte das kleine Wesen von Herzen. Inzwischen wusste ich auch, wo sie hingehörte, hatte aber noch nie Kontakt mit den Besitzern der Katze gehabt. Nur ihren Namen hatte ich erfahren. Dolly.

Ganz unglücklich fasste ich mir ein Herz und ging zu den Besitzern. Ich klingelte mit Herzklopfen und erfuhr, dass die Tochter des Hauses, die eigentliche Besitzerin, die 1,5 Jahre zuvor mit ihrer Familie ausgezogen war, die Katze zu sich geholt hatte. Man wollte mir dies noch mitteilen, sagte der Vater dieser Frau, der mir geöffnet hatte. Man wolle schauen, wie Dolly sich dort eingewöhnen würde und eventuell käme sie ja zurück. Es war also bekannt gewesen, dass mich die Katze oft besuchte.

Erst einmal war ich beruhigt, dass der Katze zumindest nichts Schlimmes passiert war und ich konnte diese junge Frau auch aus ihrer Sicht verstehen. Ob sie der Katze damit einen

Gefallen getan hat, muss dahingestellt bleiben ... Ich war unendlich traurig und vermisste Dolly sehr. Viele Tränen flossen ... Mal wieder ...

Eines Tages, als ich auf die Terrasse trat, saß eine getigerte Katze auf dem großen Stein links neben der Terrasse. War Dolly etwa zurückgekommen? Sie blieb aber einfach sitzen und kam nicht näher. Aufmerksam studierte ich ihr kleines Köpfchen und merkte, dass es etwas anders war. Kleiner und dreieckiger ... Das war ja ein Ding!

Sie war sehr scheu, kam aber doch vorsichtig näher.

Ich ließ sie ganz in Ruhe, ließ nur einen spaltbreit die Terrassentür offen. Sie schien viel ängstlicher als ihre Vorgängerin, aber die Neugier war stärker. Inzwischen weiß ich, dass Katzen offenbar SEHR neugierig sind ...

Es wiederholte sich das gleiche Spiel ... Eines konnte sie allerdings nicht vertragen: geschlossene Türen, vielmehr, eine geschlossene Tür nach draußen!

Nur selten, dass es ihr lange entging, wenn ich ungesehen schnell einmal die Tür schloss! Dann aber war sie schnurstracks an der Tür und jammerte.

Ich erfuhr, dass es die Schwester von Dolly war, die man zurückgelassen hatte. Die Monate vergingen ... Auch mit Elli war ich sehr glücklich.

Plötzlich tauchte auch noch ein junger roter Kater auf und besuchte mich fortan ebenfalls. Elli und Chili waren ein süßes Gespann, kamen manchmal gemeinsam. Allerdings musste ich ab und zu ein kleines Donnerwetter loslassen, wenn der Kater sie verjagen wollte. Aber sie vertrugen sich irgendwie doch.

Katzen zeigen uns
mühelos, was uns
Menschen so
schwerfällt:
die Balance
zwischen
Freiheit und
Geborgenheit.

Unbekannt

Hunde glauben, sie seien Menschen. Katzen glauben, sie seien Gott.

Unbekannt

Auch diese Zeit verging und Ende 2021, nach etwa einem Jahr, zogen wir weg. Das war im Hinblick auf die Besucherkatzen sehr hart für mich und sicher auch für die Katze und den Kater selbst. Noch heute, fast 4 Jahre später, steigen die Tränen auf, wenn ich, so wie jetzt beim Schreiben, intensiver an den Abschied denke ...

Ich war immer eine „Hundemutter" gewesen und nun, völlig unerwartet, wurde ich auch eine „Katzenmutter".

Alles, was mit den Tieren zusammenhing, ging mir immer sehr nah und nach. Sie waren meine Schützlinge, ja, meine „Kinder" und ich fühlte mich wie eine wahre Löwenmama für sie (mit) verantwortlich.

Nun, am neuen Wohnort angekommen, tat ich endlich das, was ich eigentlich schon Jahre zuvor geplant hatte: ich genoss, jetzt im Unruhestand, in den ich, dank eines neuen Tarifvertrages, mit 63 Jahren springen durfte, mal ein ganz neues Lebensgefühl: meine weitgehende Freiheit ...

In der direkten Nachbarschaft gab es Mia, eine vor Jahren zugelaufene Tigerkatze, die pure Freigängerin war und nur selten und sehr kurz das Haus betrat. Sie wohnte auf unserem großen Grundstück direkt am Wald und hatte ein Bettchen im überdachten „Holzstadel" mit Kaminholz.

Natürlich begegnete ich ihr ab und zu, da ich mich etwas mit der dort lebenden älteren Dame befreundet hatte. Mia war sehr scheu und ließ sich von niemandem streicheln. Auch nur sehr eingeschränkt von der Dame, die sie aufgenommen hatte. Sie hätte jederzeit ins Haus kommen können und ihr Frauchen wäre glücklich gewesen, wenn Mia zutraulicher und vielleicht sogar etwas verschmust gewesen wäre. Aber Mia hielt immer einen gewissen Abstand, obwohl sie

Die Katze ist ein Symbol der Unabhängigkeit und der Freiheit.

Pablo Picasso

sich gern auf der Terrasse, auch in der Nähe ihres Frauchens, aufhielt. Katzen lassen sich zu nichts zwingen ...

Wieder verging über ein Jahr, in dem ich mich mit einer Katze anfreundete, liebevoll mit Mia sprach und ihr immer wieder einmal frisch gedünsteten Wildlachs servierte. Sie hatte sich an mich gewöhnt und verstand, dass von mir keinerlei Gefahr für sie ausging. Sie fauchte nicht mehr, wenn ich ihr nahe kam, hielt aber weiterhin ihren Sicherheitsabstand ein.

Februar 2023 geschah das Unglück: Meine Nachbarin stürzte unversehens und brach sich die Schulter. Von einer Stunde zur anderen war sie nicht mehr da für über 2 Monate, was anfänglich nicht absehbar war. Die Familie fragte mich, ob ich denn zunächst für die Katze sorgen könne.

Selbstverständlich tat ich das!!!

Mia kannte mich und das war entscheidend für die ganze weitere Entwicklung. Nun war ich also zum ersten Mal allein verantwortlich für eine Katze anstatt für einen Hund! Das ist ein ziemlich großer Unterschied, wie ich bereits gelernt hatte.

Es war Mitte Februar und von Zeit zu Zeit ungemütlich und kalt draußen. Mia war das gewöhnt. Eingemummelt in einen dicken Teddymantel mit Kapuze und Handschuhen setzte ich mich zu Mia auf die Terrasse und leistete ihr Gesellschaft. Das kannte sie so nicht. Aber es schien ihr zu gefallen, dass jemand ganz explizit stundenlang bei jeder Wetterlage für sie da war.

Ich hatte ihr bereits zusätzliche Liegeplätze und eine Höhle im Holzstadel bereitet und sie nahm das an. Morgens und abends versorgte ich sie mit Futter und Wasser. Die Terrasse des Hauses war großzügig überdeckt vom darüberliegenden Balkon und das war zu dieser

Katzen, deren Tatzen Dich
berühren und streifen, die nicht
von Deiner Seite weichen,
durch deren Augensterne Du
die Ewigkeit schaust, für die
Du ein Schloss nach dem
andern baust, sind das Glück von
dem Du träumst, das Glück,
das Du ohne sie versäumst.

Brigitte Meyer-Simon

winterlichen Zeit sehr hilfreich. Etwa 3 Stunden verbrachte ich täglich mit der Katze, um bei ihr nicht ein Gefühl der Verlassenheit aufkommen zu lassen. Wie gern hätte ich sie mitgenommen in meine warme Wohnung, aber davon waren wir weit entfernt ...

Noch war sie vorsichtig und ich ließ sie vollkommen in Ruhe. Liebevoll sprach ich mit ihr und sie näherte sich auch angstfrei. Aber niemals kam sie so nahe, dass sie mich etwa an den Beinen oder am langen Kuschelmantel berührte.

Sie anzufassen, versuchte ich gar nicht erst.

Ich fühlte einfach nur Liebe und den Wunsch, dem Tier gut zu sein und es dies auch „schwingungsmäßig" spüren zu lassen. Kurz bevor ihr Frauchen stürzte, hatten wir begonnen, gemeinsam kleine Spaziergänge in den angrenzenden Wald zu machen, einen schmalen Waldpfad entlang.

Wer Katzen liebt, versteht das Geheimnis des Lebens.

Leonardo da Vinci

Das machte sie sehr gern mit. Wir trotteten langsam und gemächlich dahin. Immer wieder blieb sie mal neugierig stehen, um zu schnuppern oder sie setzte sich auch mal kurz. Das machten wir dann täglich und so wurde es zu unserem spannenden Ritual.

Auf der Terrasse setzte ich mich auf ein Kissen zu Mia und sie ließ sich wie eine Sphinx neben mir nieder. So saßen wir oft bis in die Dämmerung hinein, egal, ob es regnete, schneite oder die Sonne schien. Das waren wundervolle, ruhige Stunden in der Natur, die ich mit dickem Teddymantel, Schal, Stiefeln, Kapuze und Handschuhen recht gut überstand.

Mia hatte ja ihr Fell.

Der hintere Teil des Grundstücks ist bewaldet und ganz der Natur überlassen. Zwar umzäunt, aber das hinderte Rehe nicht, in den Garten zu kommen. Manchmal, wenn wir so ruhig dasaßen, kam eines oder kamen gleich zwei langsam vorbeigezogen. Eichhörnchen turnten in fast unmittelbarer Nähe durch das Geäst und beäugten uns neugierig, ja, sie begleiteten uns manchmal, indem sie durch die Äste um uns herumsprangen.

Da ich auch die Vögel fütterte, umflog und umzwitscherte uns eine bunte Vogelschar. Es war noch Winter, aber der Frühling näherte sich ganz sachte. Durch dieses zum Haus gehörige Waldgrundstück spazierten wir jeden Tag. Wir tippelten unseren kleinen Pfad entlang und jonglierten über kleinere und größere Äste und Baumstümpfe hinweg. Natürlich ließen wir uns auch mal nieder auf dem Moos, ich natürlich immer mit Kissen unter meinem Po und legte Mia für alle Fälle auch eines hin. So blinzelten wir in die Sonne, wenn sie schien, genossen die ersten frühlingshaften Sonnenbäder und bestaunten gemeinsam das erste Grün im Frühjahr.

Außer Vogelgesang hörte man nur den Wind in den Kiefern, Tannen und Laubbäumen rauschen,

Die Katze ist ein Tier, das sich selbst genügt, und das ist die höchste Form der Weisheit.

Michel de Montaigne

mehr oder weniger laut säuselnd. Jetzt, in dem ich das niederschreibe, kommen auch die Emotionen zurück. Die Zeit schien stillzustehen in diesen Stunden und die Welt schien weit weg.

Nur Mia und ich.

Ich ließ mich vollständig auf die Katze ein und sie sich auch auf mich. Mal lief sie vor mir, mal lief sie hinter mir, ich setzte mich, wenn sie sich niederließ und sie setzte sich oder wartete, wenn ich mich niederließ. Wir wurden ein Dream Team. Über Nacht musste ich Mia natürlich alleine lassen. Aber das war für Mia schon viele Jahre selbstverständlich. Sie verschwand dann in ihren Holzstadel. Bei Wind und Wetter auch darunter in einen Hohlraum.

Für meine Besucherkatzen hatte ich ja keine Verantwortung. Sie kamen und gingen, und ich wusste, dass sie ein Zuhause hatten in der Nähe,

Katzen sind die stillen Gesellschafter unserer Seele.

Daniel Defoe

dass sie versorgt waren. Ich war ihr Zweitzuhause oder so …

Nun war es anders. Ich ging nicht mehr einfach zu Bett und schlief bis zum andern Morgen. Ich dachte an Mia, wie sie die Nacht verbringen würde. Ob ihr eine Gefahr drohte, ob sie vielleicht fror? Mit anderen Worten: ich war ständig besorgt um meine geliebte Mia.

Manchmal hörte ich sie schon am frühen Morgen rufen.

Dann sprang ich aus dem Bett, zog mich schnell an, raffte das Fressen samt frischer Schale zusammen und eilte, ungewaschen und ungekämmt, die Treppe hinunter zu ihr. Wenn sie mich dann sah, kam sie tapp-tapp-tapp angelaufen und freute sich sichtlich.

So vergingen die Wochen und der Frühling hielt allmählich vorsichtig Einzug. Es war morgens früher hell, die Sonne gewann an Kraft und das tat sehr gut. Mir und sicher auch Mia. Wir liebten weiterhin unsere tollen Streifzüge durch das wilde Grundstück und außerhalb und ich war glücklich, Mia ganz für mich allein zu haben. Wir wurden immer vertrauter ... Berührungen irgendwelcher Art aber gab es noch immer nicht ...

Dann geschah es ...

Wieder einmal auf dem Waldpfad unterwegs, Mia mal vor, mal hinter mir, mal neben mir, streifte sie plötzlich mein Bein unversehens wie zufällig ganz kurz und wie ein kaum spürbarer Hauch. Was war das denn eben? Hatte ich mir das nur eingebildet oder war es wirklich passiert? Ich lief weiter und dann unversehens ein zweites sanftes Berühren im Vorbeilaufen. Ich war wie elektrisiert. Ein ganz großer Moment, den ich doch sehnlichst erhofft, nicht aber erwartet hatte. Mia markierte mich als ihr zugehörig und von ihr akzeptiert.

Die Liebe zu einer Katze ist eine der reinsten Formen der Hingabe.

Unbekannt

Von nun an war das Eis gebrochen.

Ich ging immer wieder in die Hocke und es geschah das Gleiche: Mia streifte mich zart. Ich fasste sie weiterhin nicht an, sondern überließ Berührungen ihr allein, so dass sie sich keinesfalls bedrängt fühlen konnte. Diese besondere Zeit des zärtlichen und vorsichtigen Annäherns empfand ich als überaus spannend und liebevoll.

Ich spürte eine bedingungslose Liebe zu dem kleinen eigensinnigen Wesen und wollte nur DIES: es nach Kräften beschützen und pflegen, ihm ganz viel Liebe geben und sein Vertrauen gewinnen.

Mia streifte meine Beine nun ganz ungeniert mit größter Selbstverständlichkeit und offenbar ohne weitere Vorbehalte. Es schien, als habe sie zunächst ausprobiert, wie ich mich verhalten würde ... Ersichtlich war sie zufrieden mit

Katzen lehren uns, dass nicht alles einen Sinn haben muss.

Garrison Keillor

meiner Reaktion, nämlich, nun nicht gleich mit der Tür ins Haus zu fallen.

Es war für mich ohne jeden Belang, ob Mia sich jemals von mir streicheln lassen würde, wie nahe sie mir jemals kommen würde. Sie sollte das definitiv selbst entscheiden.

Meine Gefühle und meine Sorge für diese Katze waren unabhängig davon, ob und wie sie meinen „Wünschen" entgegen kam oder nicht. Meine Geduld war grenzenlos. Und genau das genoss ich von Herzen: Mia hatte uneingeschränkten Vorrang.

Meine bedingungslose Liebe und Hingabe zu diesem Geschöpf ganz tief zu spüren, war eine wunderschöne Erfahrung. Und, anders als bei Menschen, konnte sie mich nicht enttäuschen. Sie war einfach ehrlich und wahrhaftig in ihrer Art, mit mir umzugehen, mir ihr zunehmendes Vertrauen zu zeigen und ihre offenbare Zuneigung.

Eine Weile genossen wir beide diese neue Ebene unserer Beziehung.

Mia fühlte sich nie bedrängt und wusste inzwischen sicher, dass von mir nur Gutes für sie ausging. Keine Überforderung!

Eines schönen Tages zündete ich mit aller Vorsicht die nächste Stufe ... Ich hatte mich inzwischen jeden Tag unzählige Male zu ihr herab in die Hocke begeben.

Sie streifte mich auch in dieser Haltung und zeigte keine Angst. Ich hielt ihr nun meine Hand hin, ohne sie zu berühren. Auch das nahm sie an. Sie hatte keine Angst vor meiner Hand.

Eines Tages berührte Mia meine Hand mit ihrem Köpfchen. Ganz zart. Während all dieser Wochen waren wir für uns und absolut ungestört. Ich bereitete ihr auch weiter-

Das Glück, das man emp-
findet, wenn man eine
Katze oder einen Kater
aus seiner Not gerettet hat
und dann zusieht, wie das
Tier zur Ruhe kommt
und seine Natur voller
Freude wieder auszuleben
beginnt, ist unbeschreiblich.

Brigitte Meyer-Simon

Jemand, der nicht
bereit ist, seine Katze
zu verwöhnen,
bekommt niemals
die Belohnung,
die sie bereit ist,
demjenigen zu schenken,
der sie verwöhnt.

Mackenzie

hin immer wieder mal feine Leckereien wie frisch gedünsteten Wildlachs und Hähnchenfilet. Das waren Highlights für Mia! So wurden wir immer vertrauter miteinander.

Jetzt wagte ich es ...

Mit aller Vorsicht ließ ich die Finger meiner Rückhand leicht über ihren Rücken gleiten und zog meine Hand gleich wieder ruhig zurück. Natürlich tat ich das mit einer gewissen Spannung, denn ich konnte nicht abschätzen, wie sie reagieren würde. Mia ließ es zu. Beim nächsten Mal wieder. Auch auf dieser Stufe verharrten wir eine Weile. Dabei ging ich immer in die Hocke, sozusagen fast auf Augenhöhe, und sprach leise und liebevoll mit ihr. Sie umkreiste mich nun öfter und strich mit voller Breitseite an mir entlang. Sie war wie eine Muschel, die sich langsam von selbst öffnet. Jeden Tag verbrachten wir weiter in diesem Stil einige Stunden zusammen.

Immer selbstverständlicher ließ Mia sich über ihren Rücken streichen und es schien, als würde sie anfangen, Gefallen daran zu finden. So ein bisschen nach dem Motto: Habe ich etwas verpasst all die Jahre ...? Ich blieb trotzdem sehr sparsam mit den Berührungen, da ich immer besorgt war, es könne ihr zu viel werden.

Jeden Tag saßen wir gemeinsam auf der Terrasse auf Matten, Mia neben mir und an mich gekuschelt, ich sie mit meiner Hand und meinem Arm umfassend und sie wärmend.

Ein wunderschönes Spiel ...

Die Wochen gingen ins Land ... Anfang Mai kam ihr Frauchen zurück. Ich war sehr froh, dass die gebrochene Schulter gut verheilt war, aber ich sah der neuen -alten- Situation mit ambivalenten Gefühlen entgegen. Es war nicht meine Katze. Aber Mia und ich waren einander in diesen zweieinhalb Monaten sehr nahegekommen.

Ich konnte mir schlichtweg nicht vorstellen, zu dem vorherigen Modus des selteneren, eher zufälligen Wiedersehens zurückzukehren.

Ich war sehr sicher, dass das auch für Mia nicht gut sein würde. Offenbar hatte sie bisher nie ein so weitgehendes Vertrauen zu einer Person entwickelt. Es hätte mir natürlich sehr weh getan, fortan wieder auf räumliche Distanz zu Mia gehen zu müssen..

Zu meiner Erleichterung war man einverstanden, dass ich die Katze weiter versorgen und betreuen würde. Das Wohl der Katze stand für alle an oberster Stelle und das fand ich sehr schön!

So schritt das Frühjahr voran und in den Frühsommer hinein.

Mia und ich waren ein Herz und eine Seele geworden.

Im Juni verreiste ich mehr als zwei Wochen. Die Reise war lange vorausgeplant und außerdem hatte ich mein Leben lang von dieser Reise geträumt ...

Aber ich fuhr nun trotzdem nicht gern weg. Es schmerzte mich ungemein, Mia zurückzulassen, die sich in den vergangenen Monaten so an mich gewöhnt hatte und zutraulicher wie nie zuvor geworden war. Ich hatte ein schlechtes Gewissen ...

Ich wusste natürlich, dass Mia gut aufgehoben war und dass sie nichts zu leiden haben würde. Sie war offener geworden und würde schon ohne mich gut zurechtkommen.

Einmal auf Reisen, konnte ich mich innerlich einigermaßen lösen und meine Reise genießen. Als ich wiederkam, schaute Mia erst einmal ungläubig und kam dann freudig auf mich zugelaufen. Wir machten da weiter, wo wir aufgehört hatten: mit stundenlangem Beisammensein jeden Tag.

Zeit, die man mit Katzen verbringt, ist niemals verschwendet.

Colette

Ich wohne im Nachbarhaus auf dem gleichen Grundstück im ersten Stock mit 16 Stufen in einem offenen Treppenhaus nach oben. Mia wusste das, aber sie blieb immer unten am Treppenaufgang stehen, legte sich auf ihr ovales Kissen und beobachtete die Umgebung. Sie folgte mir nicht nach oben.

Im Lauf der Wochen wurde sie immer mutiger. Zuerst nur einige Stufen, folgte sie mir immer weiter nach oben. Stufe für Stufe. Es war herrlich, das zu beobachten. Hinein in die Wohnung traute sie sich aber nicht. Noch nicht ... Bis dann doch eines Tages ...

Ganz vorsichtig und immer zur Flucht bereit, erkundete und eroberte sie neugierig jeden Quadratmeter. Plötzlich war sie wie umgewandelt. Sie fühlte sich in der Wohnung offenbar sicher, und, sichtlich entspannt, legte sie sich auf einen Teppich im Wohnzimmer. Es war schon Herbst geworden. Offenbar gefiel ihr das wohlige Gefühl der Wärme. Von nun an kam

Eine Katze ist eine Meisterin der Meditation, sie kann in vollkommener Ruhe und Gelassenheit sitzen, während die Welt um sie herum in Chaos versinkt.

Dan Millman

sie auch mal zum Fressen und Trinken. Ich hielt die Haustür mangels einer Katzenklappe einen Spalt offen. Sie blieb nun sogar manche Nacht.

Die geringste Störung allerdings, Geräusche von außen, ließen sie sofort aufhorchen und den Rückzug antreten. War die Wohnungstür geschlossen, so dass von außen keine Geräusche eindringen konnten, war alles ok. Ich konnte sie sogar in der Wohnung alleine lassen, wenn ich zum Einkaufen fuhr. Von sich aus blieb sie sehr gern drinnen. Erstaunlich.

Im November wurden bestellte Bücherregale geliefert. Mia war bei mir. Anstatt sie rauszulassen, damit sie an den Leuten vorbeiflitzen konnte, hatte ich die Terrassentür geöffnet. Das war ein Fehler. Da war sie nun panisch hinausgelaufen und versuchte, auf die Balustrade zu springen, was sie nie vorher versucht hatte. Mir blieb fast das Herz stehen vor Schreck und Angst ... Mia schaffte es zum Glück nicht! Es dauerte Stunden, bis sie wieder hereinkam.

Das Erlebnis wirkte auf Mia wie ein Rücksetzer.

Mia wurde wieder vorsichtiger und kam seltener. Meist ging ich zu ihr.

Dann kam der Februar 2024. Mia fraß nichts mehr und blieb in ihrem Holzstadel in dem Bettchen in der Box, die ich ihr eingerichtet hatte. Ihre Stimme war nur noch ein Krächzen und ersichtlich ging es ihr schlecht. Zum ersten Mal hatte ich das Gefühl der Gewissheit, sie zum Tierarzt bringen zu müssen. Ich konnte und wollte sie so nicht alleine lassen. Sie zwangsweise in die Wohnung mitzunehmen, schien auch unwägbar und vor allem war da die Hoffnung auf ärztliche Hilfe. Und welche Katze, welcher Kater stirbt denn so einfach in der Box? Das hatte ich nicht „auf dem Schirm".

Zunächst hatte Mia noch einige Minuten ab und zu leise gemaunzt im Auto. Ich hatte die Box mit

In alten Zeiten
wurden Katzen
als Götter
verehrt.
Das haben sie
nicht vergessen.

Terry Pratchett

einer Decke abgedeckt und sprach fortwährend liebevoll mit ihr. Mit klopfendem Herzen nahm ich sie aus dem Auto und ging zur Praxis hinein. Als ich die Decke abnahm, lag Mia friedlich, wie schlafend, auf der Seite. Ich war geschockt! Damit hatte ich niemals gerechnet und fühlte mich sooo schuldig, dass ich sie in die Box gegeben hatte.

Wochenlang ließ mich dieses Gefühl nicht los. Die Tierärztin und die Helferinnen versuchten, mich zu trösten. Es müsse noch ein tieferes gesundheitliches Problem gegeben haben, das unerkannt war, meinte die Tierärztin.

Im Internet fand ich eine „Tierkommunikatorin", mit der ich einige einfühlsame, sehr tröstende Gespräche führte. Ich kann es trauernden Tierliebhabern nur anempfehlen.

Die Anteilnahme der „Normalsterblichen" ist sicher gut gemeint und vielfach auch echt und verständnisvoll, kann aber nicht mithalten mit

einem Gespräch mit einer Tierkommunikatorin, zu der man Vertrauen hat. Das verhindert auch zusätzlichen Stress, weil man ja niemanden mit seiner Trauer „belästigen" will. Ein solches spezielles Gespräch findet auf einer ganz anderen Ebene statt als die Alltagsgespräche mit Familie, Freunden und Bekannten. Mir haben diese Gespräche jedenfalls sehr geholfen!

Von meinem Schreiner, der bereits die perfekt vor Kälte, Wind und Regen schützende Eichenbox für Mia gebastelt hatte, ließ ich nun eine wunderschöne Box zimmern, in der ich sie auf dem Grundstück begraben wollte.

Zunächst gab ich sie zur Kühlung in die Obhut eines Tierbestattungsunternehmens, dessen zwei Inhaberinnen ebenso eine sehr liebevolle und verständnisvolle Art des Umgangs pflegten. Dort ließ ich ein Herz aus Granit mit Mias Namen zurechtschneiden, um den Ruheort zu markieren.

Ich flüchtete einige Tage auf eine Nordseeinsel, um etwas zur Ruhe zu kommen. Ein lieber Freund hatte mir schon lange vorher einmal eine rote Plüschkatze geschenkt. Diese nahm ich nun mit auf Reisen samt einer kleinen Katzenhöhle.

In meinem Hotelzimmer stand das Bettchen auf einem Tisch mit der Katze darin, die ich herzte, wann immer mir danach zumute war. Zufällig kam ich an einem Laden mit unzähligen Plüschtieren aller Art vorbei und ging hinein, um zu schauen, ob es wohl auch eine getigerte Mia dort für mich gab. Tatsächlich! Sie stand da in einer Reihe, als habe sie auf mich gewartet! Jetzt lagen also zwei Katzen in der kleinen Kuschelhöhle ...

Dann konnte ich mich von Mia verabschieden. In aller Ruhe bettete ich sie in die Box und schaufelte ihr Grab aus. Ungestört verharrte ich noch eine Weile bei ihr.

Es gibt nichts Weicheres, nichts, was sich feiner, zarter und wertvoller anfühlt als das Fell einer Katze.

Guy de Maupassant

Ich hatte noch immer schwer mit meiner Trauer zu kämpfen. So vergingen vier Wochen. Da ich noch viel Fressen übrig hatte und natürlich auch all die anderen Sachen wie Decken, Kissen, Liegeplätze und Höhlen, brachte ich alles ins Tierheim. Ich fragte nach, ob ich irgendwie mithelfen könne und es hieß, dass Hunde und Katzen sich sehr über Besuche freuen, ein Kraulen hier, ein Spielen da, ein Gassigehen dort.

Ich nahm in einer Tüte Mias Spielsachen mit mir ins Tierheim und besuchte anfänglich drei wunderschöne, große, getigerte Geschwisterkatzen 2–3 Stunden täglich. Diese durften nach einiger Zeit zu einer Tierpflegerin ziehen. Darüber war ich sehr froh.

Bei jedem Tier, das ein neues Zuhause findet, geht das Herz auf. Aber es waren noch etliche andere Katzen und Kater in verschiedenen Räumlichkeiten zu betreuen. Die einen sehr scheu, die anderen neugierig und auch mal verschmust. Manche leider auch sehr gestresst.

Täglich ab 15 Uhr konnte man die Tiere bis 18 Uhr besuchen. Das tat ich nun jeden Tag. Wenn ich abends nachhause kam, war ich müde ... Es war keine Müdigkeit aus körperlicher Anstrengung, sondern aus emotionaler Anspannung heraus.

Es war kein übliches Kümmern um Haustiere, sondern hier ging es um Tiere, die aus schlechter Haltung kamen, die ihre Bezugspersonen verloren hatten, die vorher frei umherstreiften und sich nun „in Gefangenschaft" fanden, auch, wenn es ihnen dabei nicht schlecht erging. Manche mussten erst in Quarantäne und allein sein. Andere konnten nur allein sein, da sie sich mit anderen Katzen nicht vertrugen.

Diese Schicksale zu beobachten, war eine emotionale Herausforderung für mich, weil sie mir leidtaten und ich sie gern alle mit mir nachhause genommen hätte! Sie abends zurückzulassen, tat mir weh!

An dieser Stelle sind uneingeschränktes Lob und vor allem Dank für die Arbeit in einem Tierheim nicht nur angebracht, sondern geradezu zwingend!

Es sind hohe physische und psychische Belastungen, mit den Tieren, wovon jedes anders ist, jeweils adäquat umzugehen und stets geduldig zu sein. Tiere können in diesem Umfeld natürlicherweise gestresst sein und äußern das auch mal durch Kratzen und Beißen. Sich davon weder einschüchtern und erst recht nicht abhalten zu lassen, den Tieren hilfreich beizustehen, ist eine Aufgabe, die unglaublich lohnend, beglückend und wichtig, aber auch herausfordernd ist. Vielfältigste Aufgaben sind zu erledigen. Erfreulicherweise gibt es zahlreiche Menschen, die ehrenamtlich ihre Hilfe einbringen und den Betrieb damit ein wenig entlasten.

Verschiedenste Motive veranlassen zu dieser wichtigen Hilfe. Bei mir war es das Gefühl, nach vier Hunden und vier Katzen, mit denen ich ein inniges Verhältnis gepflegt hatte, nun etwas Gutes für Tiere im Tierheim zu tun, da ich kein eigenes Tier mehr haben wollte. Eigentlich ...

Ich wollte den Verlustschmerz, den ich in meinem Leben schon viele Male durchlebt hatte, nicht mehr auf mich nehmen. Ich war auch der Meinung, dass eine Katze mit Freiganganspruch in einer Wohnung im ersten Stock, auch wenn die Haustür nicht in einen geschlossenen Flur, sondern ins offene Gelände führte, ohne die Möglichkeit einer Katzenklappe, schwierig zu halten sei.

Schelly wurde mir vorgestellt.

Sie war allein in einem etwas größeren Raum, mit wenigen Katzen, die kurzfristig in einer Box sein mussten. Dort waren auch Dinge gelagert, so dass das Personal öfter diesen Raum betrat.

Schelly freute sich über Besuch und kam auch angelaufen. Allerdings ließ sie nur kurz eine Berührung zu, wenn überhaupt, um dann unversehens auf Angriff umzuschalten. Das hieß, sobald eine Hand oder gar beide Hände sich näherten, selbst, wenn es nur der Griff zur eigenen Tasche war, schlug sie zu. Mit Krallen und Beißen. Nach kurzer Zeit sahen meine Hände und Arme etwas lädiert aus. Aber man passt sich ja der Situation schnell an ...!

Schelly wurde aus Platzgründen in einen anderen, kleineren Raum verbracht. Ich besuchte sie dort, nachdem ich eine Weile bei anderen Katzen gewesen war, 10 Tage lang.

Das Tier hatte nur eines im Sinn: RAUS!

Schelly war bereits 15 Monate im Tierheim. Ihr Frauchen konnte sie nicht mit ins Seniorenheim nehmen. Sie war gewohnt gewesen, nach

Schon die kleinste Katze ist ein Meisterwerk.

Leonardo da Vinci

Gusto rein und raus zu können und fand sich nun im geschlossenen Raum. Sie war eine jener Katzen, die keine anderen Katzen neben sich duldete, so dass nur ein „Einzelzimmer" angemessen war, was in einem Tierheim per se aus Platzgründen natürlich schwierig sein kann.

Ich spielte mit ihr, brachte ihr Kuscheldecken. Aber ihr stand der Sinn nach Freiheit.

Als ich sie kennenlernte, war sie knapp 15 Jahre alt. Sie war sehr fit. Aber niemand wollte sie zu sich nehmen. Die meisten Interessenten suchen eine jüngere Katze oder einen jüngeren Kater.

Vielleicht schreckte ihre dann und wann aggressive Art ab oder der Gedanke, dass eine ältere oder alte Katze mehr Kosten verursachen kann.

Das ist natürlich sehr schade!

Nach 10 Tagen war mir klar geworden, dass ich das arme Tier zu mir nehmen musste. Ich hatte den Platz und ich hatte die Ressourcen dazu. Vor allem hatte ich das tiefe und sichere Gefühl, dass mir das Schicksal genau diese Katze ans Herz legte. Weshalb auch immer.

Weiterer Widerstand war somit zwecklos!

Die Entscheidung war gefallen. Ich deckte mich also mit neuen Katzensachen ein und bereitete die Wohnung auf die Katzenankunft vor. Alles war bereit zum großen Empfang.

Schelly fand es nicht toll in der Transportbox auf dem Weg in ihr neues Heim und beklagte sich fortwährend. Ich sprach ganz ruhig und liebevoll mit ihr, dass ihre Odyssee in wenigen Minuten ein Ende haben würde. Zum Glück dauerte die Fahrt nur etwa 20 Minuten.

Ich stellte die Box im Büro ab und öffnete das Gatter. Einige Sekunden brauchte Schelly, bis sie begriff, dass sie ungehindert die Box verlassen konnte. Vor lauter Aufregung hatte die Arme schon ein großes Geschäft in der Box hinterlassen. Auf der gegenüberliegenden Seite befindet sich ein Abstellraum, wohinein ich die Katzentoilette platziert hatte. Das gleiche Modell wie in ihrem Zimmerchen im Tierheim. Schelly erspähte das sofort und steuerte ganz direkt und wie selbstverständlich auf die neue Katzentoilette zu, stieg hinein und machte nun auch noch Pipi ...

Dann konnte die Erkundungs-tour losgehen.

Erleichtert und ganz leichtfüßig begann sie ihren neugierigen Rundgang durch die ganze Wohnung. Zuerst durch den Flur und um die Ecke ins Wohnzimmer. Dort standen in der Nähe der offenen Küche schon Fressnapf und

Wasser auf einer Matte bereit, was sie sofort annahm und ausprobierte. Es war absolut köstlich anzusehen, mit welcher, ja sozusagen erstaunten, Neugier und freudigen Erregung sie umherlief, von einem Zimmer ins nächste, in jede Ecke spähend und auch einen Blick in die aufgestellten Höhlen werfend. So viel Platz hatte sie 15 Monate nicht genießen können. Ich habe sie dabei gefilmt und liebevoll mit ihr gesprochen.

Auch für mich war es ganz aufregend und spannend gewesen, zu erfahren, wie sich die Katze verhalten würde. Immer wieder lief Schelly von einem Zimmer zum anderen, schaute durch die große Schiebetür, sprang auf Sofas.

So ging das einige Stunden lang. Schelly schien unermüdlich. Ein komplett neues Leben hatte für sie begonnen und es war offensichtlich, dass es ihr nicht die geringste Angst einjagte, wieder einmal an einem für sie völlig fremden Ort angekommen zu sein. Sie war eine selbstbewusste Katze ...

Die Selbstachtung einer Katze ist außerordentlich.

Christian Morgenstern

Vielleicht spürte die Katze intuitiv, dass ihr nichts Schlimmes geschehen würde. Außerdem hatte sie mich ja schon mehr als eine Woche lang täglich gesehen und konnte mich wohl einschätzen. Zudem war es ruhig in der Wohnung, wo nur ich in gebührendem Abstand mit ihr lief, liebevoll mit ihr kommunizierend und vorsichtig, um sie bloß nicht zu überfordern. Ich ließ Schelly ganz in Ruhe ...

Ein wunderschöner Tag und ich war glücklich über die Entscheidung, Schelly aufzunehmen.

Mir war durchaus klar, dass nun auch auf mich ein völlig neues Leben wartete, von dem ich noch gar nicht absehen konnte, wie es verlaufen würde ...

Das Schicksal hatte entschieden. Es wäre mir nicht möglich gewesen, die Katze im Tierheim zu belassen, außer, wenn es echte wichtige Gründe gegeben hätte. Aber solche Gründe gab es nicht. Ich hätte sagen können, dass ich jetzt doch endlich mal meine Freiheit eine Weile vollauf genießen wolle. Ich konnte es nicht! Ich hätte für den Rest meines Lebens immer die Katze vor Augen gehabt, die wartend, kratzend und miauend an der Tür ihres Zimmerchens im Tierheim stand und hinausdrängte. Für den Rest meines Lebens hätte ich mir Vorwürfe gemacht. Es war eine jener Situationen, in denen man einfach weiß, was zu tun ist. Ohne Wenn und Aber.

Schelly blieb dynamisch. Jetzt war ich gespannt auf die erste Nacht. Würde sie weiter durch die Wohnung wandern? Wo würde sie sich niederlassen? Sie wollte nicht flüchten. Sie saß nicht an der einzigen Tür, die geschlossen war, der Haustür. Sie kratzte nirgends. Auch nicht an der Schiebetür zur Terrasse bzw. zum Balkon.

Ihre Kratzbürstigkeit trat in den Hintergrund. Zu interessant und abenteuerlich schienen

die Neuentdeckungen und offenbar auch das Gefühl der Freiheit in der neuen viel großzügigeren Umgebung, deren Entdeckung noch lange nicht abgeschlossen war. Ich versuchte auch gar nicht erst, sie anzufassen. Sie strahlte eine ganz andere, positive „Spannung" und „Aufgeregtheit" aus als im Tierheim.

Der Abend wurde noch lang. Endlich sollte es zu Bett gehen ... Schelly lief neugierig mit ins Bad, wo sie sofort auf den WC-Deckel sprang, von dort zum Waschbecken und von dort wiederum auf die Fensterbank. Ich zog die untere Schublade vom Waschtischschrank heraus und Schelly sprang auf die darin liegenden Handtücher und in den Raum hinter der Schublade.

Dort setzte sie sich hin und fing an sich zu lecken und zu putzen. Das war wirklich „putzig"! Danach legte sie sich gemütlich auf die weichen Handtücher in der Schublade. Es war also nicht ganz einfach, mich am Waschtisch zu betätigen ...

WLAN KANN AUSFALLEN, ABER SO LANGE DIE KATZE DA IST, IST ALLES GUT.

UNBEKANNT

Schelly sprang gern zu mir aufs Bett. Ich hatte eine Wolldecke für sie drapiert. Sie legte sich auch darauf. Aber nicht lange. Zu neu war alles für die Katze, als dass sie sich für längere Zeit zur Ruhe hätte legen können. Aber ich schlief irgendwann ziemlich müde ein. Schelly musste in der Nacht sicher unterwegs gewesen sein, meldete sich aber nicht.

Mitten in der Nacht wachte ich auf. Ich stand auf und schaute nach meiner Katze. Sie war am Tag und auch während der Nacht einige Male in ihrer Katzentoilette, die ich auch jetzt säuberte. Ich ging ins Wohnzimmer und setzte mich aufs Sofa. Schelly kam zu mir. Sie hatte von Anfang an Vertrauen zu mir. Nur intensives Streicheln war nicht angesagt. Aber die menschliche Nähe suchte sie wohl und genoss sie.

So saßen und lagen wir eine Weile auf dem Sofa und ich ging wieder zu Bett ... Am frühen Morgen schien sie Hunger zu haben. Ihr Miauen war eigentlich kein Miauen, sondern eher ein hei-

Es gibt kaum etwas Schöneres, als von einer Katze geliebt zu werden.

Charles Dickens

seres Krächzen. Vielleicht waren ihre Stimmbänder überfordert worden in den vergangenen vielen Monaten des Leids, als Freigängerin eingesperrt und vor allem auch von ihrem Frauchen getrennt zu sein.

Ich bereitete ihr das erste Frühstück zu. Mit Gusto fraß sie. Noch immer aufgeregt und neugierig lief sie weiter kreuz und quer durch die Wohnung und beschnupperte alles. Ich öffnete die eine und andere Schublade im Küchenblock. Das fand sie hervorragend! Neugierig kletterte sie sofort hinein und in den dahinter liegenden Freiraum, um sich im geschützten Raum ausgiebig zu putzen.

Um mich bei ihr noch beliebter zu machen, gab es zu Mittag frisch gedünsteten Wildlachs.

Den hatte ich mir bis dato selten gegönnt, aber für Schelly, wie auch für Mia vorher, schien es mir absolut angemessen ...

Schelly stürzte sich darauf und ich war glücklich! So gingen die Tage dahin. Es machte Schelly offenbar nichts aus, ab und zu alleine zu sein, wenn ich unvermeidlich einmal einkaufen musste. In der ersten Zeit schränkte ich allerdings ein Verlassen der Wohnung soweit als möglich ein.

Schelly hatte sich im Grunde von der ersten Stunde an problemlos eingewöhnt. Sie schien sehr zufrieden zu sein. Sie war kein bisschen lästig und ihre Kratzbürstigkeit nahm stetig weiter ab. Sie kam erfreulicherweise immer mehr von ihrem Stresslevel herunter. Die Katze erkannte sehr wohl, wo die Haustür war und dass man durch diese Tür hinausgehen konnte.

Natürlich war sie neugierig und ich musste aufpassen, dass sie nicht mit hinauskam. Sie

akzeptierte das aber. Sie hatte ja auch keinerlei Ahnung, was sich hinter dieser Tür verbarg. Ich glaube, das machte sehr viel aus, wohl nach dem Motto: was ich nicht weiß, macht mich nicht heiß! Mindestens 6–8 Wochen sollte sie sich zunächst in der Wohnung eingewöhnen.

Wir entwickelten unser Zusammensein und es entstanden einige Rituale.

Abends kam sie meist zunächst mit ins Bett, war manches Mal schon vor mir im Bett und wartete auf mich. Oder sie folgte mir erst ins Bad. Auf jeden Fall hielt sie Nähe zu mir. Sie probierte nach und nach alle ihre neuen Bettchen aus, lag mal da und lag mal dort. Es dauerte einige Zeit, bis sie ihren „Senior" Katzenbaum untersuchte und erklomm.

Einmal entdeckt, fand sie es ganz toll, auf dem runden, umrandeten, gepolsterten Teller oben

Die Katze ist
nur technisch
gesehen ein Tier.
In Wirklichkeit
ist sie eine
Verkörperung
der Schönheit.

Jules Verne

zu liegen. Stundenlang. Sie schlief tagsüber viel. Dafür aber war sie nachts spätestens ab 3:30 Uhr gut unterwegs:

Ich stand meist auf, ging zu ihr ins Wohnzimmer und sie legte sich dann zu mir aufs Sofa. Wir spielten auch mal zusammen. Vor allem die Katzenangel gefiel ihr, nach der sie mit der Pfote schlug, wenn sie auf ihrem Teller thronte. Ansonsten war sie keine sehr verspielte Katze, sondern liebte es, sich auszuruhen. Sie saß oft wie eine Sphinx mit geschlossenen Augen da. Nun ja, sie war ja inzwischen über 15 Jahre alt.

Da die Katze einerseits die ersten Wochen nicht rausdurfte, sie andererseits auch nicht auf die Terrasse durfte, entstand eine ganz neue Situation. Die überdachte Terrasse, größer als das Wohnzimmer, war noch nicht mit Netzen geschützt.

Darüber hinaus hätte ich mich auch nicht getraut, sie nach wenigen Tagen schon auf eine

Terrasse zu lassen, auch wenn diese eingezäunt gewesen wäre. Ich hatte ja keine Ahnung, wie Schelly reagieren würde.

Vielleicht würde sie plötzlich „durchdrehen" und wegwollen, da sie, nach Auskunft des Tierheims, sehr selbstbestimmt gelebt hatte bis zu ihrer Ankunft dort.

Ich musste mir also etwas einfallen lassen, um nicht selbst Platzangst zu bekommen und vor allem frische Luft hereinzulassen. Also suchte ich etwas, das ich zwischen Schiebetür und Rahmen einklemmen konnte. Breit und hoch genug, damit Schelly nicht darüber springen konnte. Ich wurde im Keller fündig. Dort stand ein eichenes Holzregalteil an der Wand mit genau den richtigen Maßen.

Ein Riesenfortschritt. So konnten wir alle wieder genügend Luft holen und es war ungefährlich. Aber das war natürlich auch kein Dauerzustand. Nach etwa vier Wochen bekam ich

Eine dösende
Katze ist das
Abbild perfekter
Seligkeit.

Jules Champfleury

Besuch von einer lieben Freundin. Ich besorgte passende Katzennetze und meine Freundin half mir beim Anbringen und Festmachen.

Das war ein elementarer Fortschritt. Allerdings war das etwas gewöhnungsbedürftig, denn der Blick in die Natur fiel nun durch viele kleine Quadrate ...

Der große Augenblick nahte: Ich öffnete für Schelly die Schiebetür ... Voller Neugier betrat sie die Terrasse und lief, wie am Ankunftstag, kreuz und quer und hin und her ... Eine Augenweide, sie zu beobachten.

Eine Seite der Terrasse ist verglast, eine andere offen nach außen mit einer hohen Balustrade. Das Netz schützte von der Decke bis zur Balustrade. Ich hatte Steine auf die Unterkante des Netzes gelegt, so dass Schelly nicht darunter hindurchschlüpfen konnte. Eine dritte Seite begrenzt nur die ins unüberdachte Freie übergehende Terrasse. Da war das Netz von der

Decke bis zum Boden gespannt, wo ich ebenfalls Steine auf die Unterkante legte. Wohnzimmerseitig klebte ich das Netz von unten bis oben an der Wand fest. Von allen Seiten war somit kein Entkommen für Schelly möglich.

Ich war genauso glücklich wie meine Katze! 40 qm mehr Freiheit mit Stühlen, auf die sie sich legen konnte, mit einem Kletterbaum, von dem aus sie auf die Balustrade klettern konnte.

Das fand sie besonders toll und faszinierend, denn von dort konnte sie nach unten schauen. Sie versuchte nie, am Netz zu kratzen oder sich hochzustellen. Die Balustrade ist sehr breit, so dass sie sich ungehindert in ihre Sphinx-Lage begeben konnte.

Eine große Erleichterung. Ich fühlte mich so viel besser in dem Wissen, dass Schelly jetzt wenigstens ins Freie konnte, wenn auch noch nicht die Treppe hinunter ins „echte" Freie.

Gott erschuf die Katze, damit der Mensch einen Tiger zum Streicheln hat.

Victor Hugo

Dieser Moment sollte aber schneller kommen, als mir lieb war!

Es war Sommer geworden und sehr früh hell. Da mich meine geliebte Schelly immer schon recht früh weckte, hatte ich irgendwann einmal zu SEHR früher Morgenstunde aus völlig unerfindlichen Gründen plötzlich die Eingebung, mal eben schnell den Müllsack nach unten zur Mülltonne zu bringen.

Das Haus liegt am Rand der Natur, fast am Ende einer Straße. Der Autoverkehr ist sehr überschaubar. Dennoch gibt es ihn. Es war 4:30 Uhr und alles war noch ruhig. Ich wähnte Schelly im Wohnzimmer und als ich die Haustür öffnete, war sie plötzlich da ...

Vielleicht war ich auch noch nicht so ganz wach und aufmerksam. Ich konnte nicht mehr verhindern, dass sie durch den offenen Haustürspalt entwischte und, ohne weiter nach mir zu schauen, gemächlich die Treppe hinunterlief. Ich geriet in Panik ...

Wenn sie jetzt abhauen würde? Ich zog mir blitzschnell und hastig wenigstens vernünftige Schuhe an, warf meinen leichten Mantel über den Schlafanzug und raste die Treppe hinunter.

Sie trabte indes schon gemütlich über die schmale Straße auf die andere Seite und einen begrünten Weg am Waldrand hinunter, etwa 50 m von unserem Haus entfernt Richtung Grundstück eines Nachbarn.

Ich hinterher, auf sie einredend. Sie lief mal hierhin und dorthin, schnuppernd, total hingerissen und berauscht vom Gefühl der Freiheit nach 1,5 Jahren Freiheitsentzug. Ich glaube, sie hörte mich gar nicht. Bis zur Begrenzung lief ich mit, aber sie trabte indessen weiter auf das fremde Grundstück Richtung Terrasse. Da konnte ich nun nicht einfach mitlaufen ...

In immer noch hellster Aufregung lief ich um das große Grundstück herum auf die andere Seite, in der Hoffnung, dass sie dort wieder das Grundstück verlassen würde. Ich rief nach ihr, aber sie kam nicht. Ich lief zurück Richtung der Stelle, an der sich unsere Wege getrennt hatten. Ich hörte sie miauen ... Ich rannte los und da saß sie genau an dieser Stelle und rief offenbar nach mir. Als sie mich endlich erkannte, lief sie sehr freudig und schnell auf mich zu. Was für eine Erlösung ... Auch für Schelly war es ein aufregender erster Ausflug ins Unbekannte und meine Nähe gab ihr offenbar Sicherheit.

Ich redete liebevollst mit ihr und lief langsam zum Haus zurück.

Tatsächlich folgte sie mir problemlos, stieg hinter mir die Treppe hoch und lief zurück in die Wohnung. Schnell die Haustür zu ...

Überglücklich über die sichere Heimkehr lobte ich Schelly ausgiebig. Ich war unendlich froh und dankbar über diesen unproblematischen Ausgang unseres ungeplanten Ausflugs! Schelly erholte sich ihrerseits und schien sehr zufrieden damit, ausgebüxt zu sein. Ich hatte solche Angst gehabt, dass sie einfach weglaufen würde, vielleicht in den Wald hinein oder sonst wohin.

Vielleicht hätte ich sie aufnehmen und tragen können, aber die Frage war, hätte sie das zugelassen? Ich hatte sie bisher nur vorsichtig über den Rücken gestreichelt und mich noch nicht getraut, sie intensiver zu berühren oder anzufassen.

Das hätte sicher schmerzhafte Folgen gezeitigt! Sie hätte mir ja auch ausweichen können. Ich vermute, sie wäre nicht begeistert davon gewesen, von mir gepackt zu werden. Unserem mühsam erarbeiteten Vertrauensverhältnis hätte so etwas möglicherweise einen ernsthaften Rücksetzer beschert.

Aber es war ja alles gutgegangen und nach einer Weile verschwanden auch die Horrorvorstellungen aus meinem Kopf. Schelly und ich begaben uns nochmals zur Ruhe, nachdem sie fröhlich gefressen hatte. Selten genoss ich so sehr, dass Schelly in Sicherheit war und ich entspannt einnicken konnte.

Was mag in dem Kätzchen vor sich gegangen sein? Wie mag sie sich gefühlt haben? Ihr Trieb wurde nach langer Zeit befriedigt. Wie sehr hatte sie sich danach gesehnt. Und doch: sie war nicht weggelaufen. Sie hatte nach einer Weile des neugierigen Erforschens das Bedürfnis, mich zu rufen. Suchte sie Schutz?

Genial, dass sie genau an der Stelle auf mich wartete, wo wir uns getrennt hatten.

Ich hatte früher schon einmal davon gelesen, im Zusammenhang mit ausbüxenden Hunden, dass

Die Augen
einer Katze
sind Fenster,
die uns in
eine andere Welt
blicken lassen.

Irisches Sprichwort

es am sichersten sei, man wartete an der Stelle, wo der Hund abgehauen war. Er würde dahin zurückkommen. Ich habe das so auch manches Mal erlebt. Das scheint auch für Katzen zu gelten! Sehr offensichtlich hatte sie bereits eine recht feste Bindung an mich aufgebaut, was mich sehr beglückte.

Ich war ihr also nicht egal, sondern ich war so etwas wie ihre Mama. Das hatte mir eine Tierkommunikatorin gesagt, die meinte, dass auch ältere Katzen sich in der Wohnung durchaus als Katzenkind fühlen würden. Nun ja ...

Von nun an allerdings forderte sie das Gassigehen ein. Sie wusste jetzt, welche Abenteuer da draußen auf sie warteten. Ich lief zunächst mit ihr, um zu sehen, wohin sie steuerte und auch, damit sie sich an meine Gesellschaft auch draußen gewöhnte. Wir besuchten meine Nachbarin auf dem Grundstück, die in ihrem eigenen Haus wohnt, damit sie wusste, dass sie auch dieses Haus betreten konnte und willkommen war. Wir wanderten durch das große Grundstück, wie ich es seinerzeit auch mit Mia gemacht hatte, die diese Spaziergänge liebte. Nachts ließ ich sie noch nicht raus.

Indem ich hier meine Geschichte niederschreibe, wird mir immer deutlicher, wie dynamisch, spannend und vielfältig sich meine Beziehung zu Schelly gestaltete und entwickelte. Eines muss einfach glasklar sein: niemand sollte glauben, dass es ein reiner „Spaziergang" ist, ein Tier zu halten, sei es einen Hund oder eine Katze, ein Meerschweinchen, Hase oder Wellensittich ...

Viel Liebe, Geduld und Zeit gehören dazu, ein Haustier zu halten. Und, man sollte es nicht unterschätzen, auch Geld. Wer dazu nicht bereit oder in der Lage ist, ein Tier adäquat und tiergerecht zu halten, sollte einfach keine Tiere zu sich nehmen.

Sie sind kein Spielzeug, keine Ablenkung von Langeweile und sie sind auch nicht ausschließ-

Die Menschheit
lässt sich grob
in zwei Gruppen
einteilen:
in Katzenliebhaber
und in vom Leben
Benachteiligte.

Francesco Petrarca

lich dazu da, dem Halter zu gefallen und ihm seine eigenen Defizite in Sachen Liebe und Zuwendung auszugleichen. Jemand, der den ganzen Tag im Büro ist, sollte kein Haustier zuhause haben. Jemand, der in einer Stadtwohnung wohnt, sollte kein Haustier haben, wenn er keinen Auslauf ins Grüne in der Nähe hat und vor allem auch kein (großes) Tier, das viel Auslauf braucht und eher aufs Land gehört.

Tierheime laufen über ... Und das wäre sicher nicht so dramatisch der Fall, wenn Menschen bei diesem Thema verantwortungsvoller, überlegter und vorausschauender Denken und Handeln würden!

Nach einigen Tagen ließ ich Schelly alleine raus und war sehr gespannt, seeeeeeehr gespannt, was passieren würde. Sie schien sehr gefestigt in unserer Beziehung und außerdem wusste sie, wo es gemütliche Liegeplätze und tolles Futter gab!

Sie war nicht lange weg. Vielleicht eine halbe Stunde. Das war die Feuerprobe! Ich konnte nun ziemlich sicher sein, dass Schelly nicht weglaufen würde.

Im Sommer bekam sie plötzlich eine starke Erkältung. Sie nieste und es war ersichtlich, dass ihre Nase verschleimt war. Ich fand den Gedanken furchtbar, sie neuerlich in eine Box zu geben und mit ihr wegzugfahren, nachdem sie sich etliche Wochen eingewöhnt hatte und ihr neues Heim genoss. Mir saß das Trauma mit Mia noch viel zu sehr im Nacken!

Also recherchierte ich nach einem mobilen Tierarzt oder einer Tierärztin in der Umgebung und wurde fündig. Eine sehr sympathische Tierärztin rollte an. Schelly war bereits sehr zutraulich, aber nicht zutraulich genug, sich festhalten zu lassen.

Aber gemeinsam war die Untersuchung schnell erledigt und Schelly bekam ein Medikament.

Glücklicherweise erholte sich die Katze, was allerdings fast 2 Wochen Zeit in Anspruch nahm. Die Nächte waren teils besorgniserregend gewesen, da die Katze schlecht Luft bekam.

Nun aber war alles wieder gut und wir atmeten buchstäblich auf! Ich hatte für den Sommer bereits im Vorjahr wieder eine Reise gebucht, die ich nicht absagen wollte. Schelly musste auch lernen, dass sich nicht nur ein Mensch um sie kümmerte, sondern auch andere, ihr aber bereits bekannte Menschen sich liebevoll um sie bemühten.

Es schien so, als sei es ihr am wichtigsten, dass eine gewisse Routine ihr die Sicherheit gab, die sie benötigte. Sie war weiterhin zuhause, das Futter schmeckte und sie konnte ihre Streifzüge unternehmen. Natürlich bekam sie auch die so wichtige Zuneigung geschenkt.

Als ich zurückkam, freute sie sich sehr und schien nicht „beleidigt".

So ging die Zeit dahin ... Es sind die vielen einzelnen Situationen und Momente, die mir in Erinnerung geblieben sind, die unser Zusammensein ausmachten und es bereicherten.

Ich habe Schelly unzählige Male fotografiert. Zumeist schlafend. Sie hatte ein sehr süßes Gesichtchen und ich hätte sie oft stundenlang anschauen können, wie sie ganz vertrauensselig auf dem Rücken lag, die Beinchen von sich streckte, tief eingeschlafen. Ich konnte sie dann ungestört von ganz nah betrachten. Die völlig entspannten Gesichtszüge, das kleine Mäulchen, die geschlossenen Augen, die Zeichnung des glänzenden Felles.

Ich liebte ihren „Pony", also die schwarzen Fellspitzen, die sich über der Stirn ins weiße Fell

Katzen lieben Menschen viel mehr, als sie zugeben wollen, aber sie besitzen genug Weisheit, es für sich zu behalten.

Mary Eleanor Wilkins Freeman

vorschoben. Das sah sehr kindlich und niedlich aus. Wenn sie so schlafend da lag, ausgestreckt oder zusammengekringelt, wirkte sie wie ein Baby, das beschützt werden muss. Ihr Köpfchen ruhte gern auf einem Kissen, wie sie immer etwas suchte, woran sie sich anlehnen konnte.

Ein Polsterrand, das gemütliche Kuscheln in einer Höhle oder einer weich gepolsterten Kiste. Wenn sie auf das Sofa zu mir kam, streckte sie sich grundsätzlich so weit, dass ihr Rücken meinen Oberschenkel berührte.

Tiere wissen sehr genau, was ihnen guttut. Auch Freigängerkatzen, von denen man annimmt, dass sie „hartgesotten" sind und viel aushalten können, nehmen sehr schnell liebevoll hergerichtete Liegeplätze und warme Höhlen an, in denen sie sich etwas entspannen und die Wärme genießen können! Sie danken es den Menschen, die ihnen das Leben erleichtern, mit Zutrauen und Vertrauen. Und das ist der schönste Lohn.

Ich sprach viel mit Schelly, so, wie ich es auch mit Mia getan hatte. Und nach einiger Zeit verstand sie mich genau!

„Komm, wir gehen Gassi" oder „Kommst Du mit?". Abends dann „Komm, wir gehen schlafen". Das Wörtchen NEIN wurde bestens verstanden, wenn es z.B. darum ging, dass ich alleine die Wohnung verließ und sie nicht mit rauskommen konnte.

Sie ging dann von der Tür weg und beobachtete aus einer kleinen Entfernung völlig problemlos, wie ich die Wohnung verließ. Schelly verstand auch „Komm" oder „Komm her". „Komm auf die Terrasse", „Feines", „Fisch" oder „Hühnchen". „Hoppala", wenn ich sie zu mir auf die Coach bat oder ins Bett. Sie lauschte, wenn ich ihr erzählte, dass ich sie liebe und sie meine Allerbeste und Allerschönste sei.

Katzen wählen uns – wir besitzen sie nicht.

Kristin Cast

So war ich auch stets mit unseren Hunden umgegangen. Auch mit diesen sprach ich sehr viel und zwar in ganzen Sätzen, die sie irgendwann für sich in Aktionen oder Verständnis, worum es ging, umsetzen konnten. Das wurde vielfach bestaunt!

Es ist erstaunlich, was Tiere alles verstehen können. Ein Wissenschaftler fand heraus, dass Katzen genauso gut lernen können wie Hunde, aber nicht so erpicht darauf seien, dies ihren Besitzern zu zeigen! Also, Schelly tat mir jedenfalls den Gefallen ... Katzen sollen 20–40, auch bis 50 Wörter verstehen. Nachzulesen auf der Seite www.cats.com.

Ihr Schnurren werde ich nie vergessen und es klingt mir immer wieder in den Ohren. Vor allem nachts im Bett, wenn sie nach einem Streifzug die Wärme und Nähe genoss. Es war witzig, denn auch ich verstand umgekehrt Schelly immer besser. Sie schnurrte und schnurrte laut, wurde irgendwann immer leiser und hörte plötzlich auf. Entweder, sie war dann fest eingeschlafen, was ich liebte oder sie stand nach wenigen Sekunden auf und verließ das Bett. Meist zog sie von dannen. Kam sie zu mir aufs Bett, verlieh ich meiner Freude darüber Ausdruck und lobte sie, strich ihr dabei nur kurz über das Fell, bevor sie sich hinlegte, entweder sich an meinen Arm schmiegend oder woanders hin.

Das waren so wundervolle abendliche oder nächtliche Minuten, in denen wir uns sehr nahe waren, nicht nur räumlich, und ich eine große Liebe für das Geschöpf empfand.

Schelly war keine echte Schmusekatze. Sie liebte die Nähe und auch das Streicheln über den Rücken, das Köpfchen und den Schwanz entlang. Aber alles in Maßen. Das hatte ich am Anfang – teils schmerzhaft – gelernt ...

Ich ließ ihr allen Raum, den sie benötigte und war bedacht darauf, sie nicht zu nerven. Ich hatte Respekt vor Schelly und mir ging es zu keinem Zeitpunkt darum, meine Bedürfnisse nach Kuscheleinheiten zu befriedigen. Die Katze wollte das nicht, Punkt! Nur dreimal sprang sie auf meine Beine und kringelte sich ein.

Es trägt nicht zur Vertrauensbildung bei, wenn man Tiere zu mehr Nähe zwingen will, als sie von sich aus zu akzeptieren bereit sind.

Wenn man die Befindlichkeiten seiner Haustiere nicht akzeptieren kann, sollte man auch kein Haustier haben. So, wie man den Charakter und die Persönlichkeit eines Menschen nicht absichtlich ändern kann, so geht das auch mit Tieren nicht und wird nicht gut enden. Schlimmstenfalls mit großem Stress und Ärger auf beiden Seiten. Das muss und darf nicht sein!

Ich habe es da sehr leicht: ich liebe meine eigene Freiheit und lasse sie deshalb auch anderen.

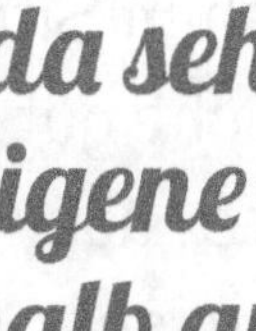

Eigentlich das Geheimnis jeder funktionierenden Beziehung!

Mit welcher Anmut und Würde eine Katze ihr Bedürfnis nach Nähe UND Freiheit unter einen Hut bringen kann, ist faszinierend. Es ist wie ein Spiel zwischen Menschen und Tieren. Der Mensch muss lernen, in welchen Situationen die Katze geschützt werden muss, auch mal vor sich selbst, und wann er sie gehen lassen sollte.

Das ist nicht immer einfach. Schelly hatte kein Problem mit Regen, Sturm und Gewitter. Auch nicht mit Kälte. Eine kleine Draufgängerin! Wir wohnen aber am Wald und bei heftigem Wind konnte es gefährlich werden, wenn z.B. ein Ast sich von einem Baum löste oder es blitzte und donnerte.

Wenn ich sie in solchen Situationen nicht rausließ, fand sie das nicht gut. Sie verstand, dass sie nicht rauskonnte, aber sie verstand nicht, warum ... Es fiel mir sehr schwer, ihr die Tür

Wer eine Katze hat, braucht das Alleinsein nicht zu fürchten.

Daniel Defoe

nicht zu öffnen und wenn es nachts vorkam, war es natürlich auch mit meinem Schlaf vorbei ... Aber die Angst um Schelly war stärker und hätte mich sowieso um den Schlaf gebracht. Ich versuchte aber zumindest, es ihr liebevoll zu erklären und sie dazu zu bringen, wieder mit mir ins Bett zu gehen oder ins Wohnzimmer. Das gelang erfreulicherweise häufig!

Haustiere sind wie Kinder, die nie erwachsen werden ...

Man hat zu jedem Zeitpunkt die volle Verantwortung für ihr Wohlbefinden und muss gewillt sein, so einiges dafür aufzugeben oder zumindest einzuschränken. Aber wenn man die Tiere wirklich liebt, dann macht man das! Wir sind bis zu einem gewissen Grad ihre Lehrmeister und sie unsere.

Ich habe allen meinen Haustieren unendlich viel zu verdanken. Ich lernte bedingungslose

Liebe, wie man sie einem Kleinkind gegenüber spürt, unendliche Geduld, die Eigenheiten eines Geschöpfes zu erkunden und anzuerkennen, Vorsicht, mich ihm anzunähern und verständlich zu machen.

Es hat noch eine andere besondere Qualität: ein Kind wächst heran und versteht immer mehr. Man erzieht es und es kommt dann und wann auch mal zu Diskussionen, die sehr an den Nerven zerren können.

Tiere sind anders. Sie lernen, was sie lernen können und das war es. Viele Jahre lang. Und damit muss man sich abfinden. Man kann einem Tier kaum etwas „übelnehmen" ... Auch ich kam ab und zu an meine Grenzen, wenn ich müde war und meine Stimme etwas energischer wurde. Aber niemals hätte ich sie strafend angefasst.

Tiere sind vollwertige Familienmitglieder, die in der Fürsorge auf gleicher Ebene mit ihren menschlichen Rudelmitgliedern stehen (sollten).

Gewalt in jeder Form, physisch wie psychisch, ist furchtbar und unwürdig. Auch hier gilt: wir stehen auf gleicher Stufe ...

Der Gedanke daran, dass leider, ganz im Gegensatz dazu, wie es sein sollte, vielfach unfassbar brutale Gewalt gegen Menschen und Tiere ausgeübt wird, ist für mich nur schwer bis kaum erträglich. Das kann nur aus der niedersten menschlichen Natur kommen. Und solange Menschen sich aus diesen Niederungen nicht herausgearbeitet haben, kann sich der Mensch wahrlich nicht als die Krone der Schöpfung titulieren. Das ist reine Hybris!

Ganz im Gegensatz zur Erziehung der Menschen von Barbaren hin zu einem liebevollen Miteinander, muss man leider hinnehmen, dass man Katzen allerdings wohl kaum das Mäusejagen abtrainieren kann ...

Das gilt jedenfalls für Freigänger. Damit musste ich erst umgehen lernen. Immer wieder einmal brachte Schelly eine tote oder noch lebende Maus an. Ich hörte schon am etwas kehligeren Miau, wenn sie eine im Fang hatte.

Sie war offenbar sehr stolz darauf!

Nun, Mäuse sollen vom Nährwert her das beste Futter für Katzen sein. Ab und zu war es auch mal ein Vogel, der auf dem Teppich landete. Das war für mich hart … Zu ändern war es nicht.

Den Winter 2024/25 hindurch brachte sie keine Mäuse und so blieb es auch ins Frühjahr hinein. Schelly sah leider schlechter. Immer noch gut genug, dass ihr Alltagsleben nicht darunter litt, aber Mäusejagen schien ihr schwerer zu fallen.

Ich weiß nicht, inwiefern sie das bewusst wahrgenommen hat oder es ihr schlicht egal war. Ich jedenfalls war doch ein bisschen erleichtert. Da

Die Liebe zu einer Katze ist eine Reise ohne Ende.

Victor Hugo

Schelly ansonsten nur sehr gutes Futter und auch frisches Futter bekam, war ich doch halbwegs beruhigt.

Meine Wohnung war inzwischen zu einer Katzenwohnung mutiert. Schelly konnte in jedem Zimmer unter verschiedenen Liege- und Schlafplätzen wählen. Das tat sie auch ... Neues wurde zunächst als Lieblingsplatz auserkoren, sei es eine große Tüte, eine Kiste oder ein neues Bett, bis wieder etwas anderes dran war.

Da es nicht möglich war, eine Katzenklappe einzubauen, ließ ich von meinem Schreiner einen Holzbalken nach Maß anfertigen, den ich so verkeilen konnte, dass die Haustür einen Spalt breit für Schelly passierbar war, für sonst aber niemanden.

Wir machten unsere Spaziergänge, meist rund ums Haus und zur Nachbarin, die sie auch alleine besuchte. Ein Rundgang durch deren Haus, vom Keller bis ins 1. OG und gut wars ...

Es war herrlich, zu beobachten, wie Schelly ihr neues Heim außen und innen für sich erobert hatte.

Ging ich raus zur Mülltonne, kam sie mit. Sie liebte es auch, die große Garage zu erkunden und vor allem mein Auto. Ich machte ihr die Türen auf und sie kletterte über Sitze und Lehnen. Sie mochte am liebsten auf der Ablage im Fond liegen. Für mich war sie wie ein Kind, das immer wieder Neues ausprobieren will.

Fast ein Jahr lang war ich kaum noch weg gewesen. Nur wenige Tage. Ich wollte am liebsten bei meiner Katze sein. Natürlich fragte ich mich oft, wie lange Schelly in Anbetracht ihres Alters von 16 Jahren wohl noch leben würde und wie es eines Tages zu Ende gehen würde.

Hoffentlich schnell und nicht schmerzhaft. Das war mein größter Wunsch. Vor allem nicht nach mir, da ich ja nun auch schon 67 Jahre hinter mir hatte. Solche Gedanken kann man kaum vermeiden …

Als Reisetante, die ich beruflich als Flugbegleiterin über 33 Jahre lang war und natürlich auch gern mal privat unterwegs, war es eine große Umstellung, nicht einfach mal nach Gutdünken wegfahren zu können.

Einen Hund kann man ja eventuell mitnehmen, mit einer Katze ist das nicht so einfach. Aber ich hatte A gesagt und würde auch B und C und D … sagen, egal, wie lange die Katze leben würde. Unsere Begegnung war Schicksal und offenbar sollte ich noch einmal erleben, was Hingabe und Hintenanstehen bedeuten können. Ich nahm es mit Humor und sagte mir, dass ich sicher einige Punkte für gutes Karma sammeln würde.

Ich gewöhnte mich an den neuen Lebensstil. Immer weniger erschien mir fremde Betreuung für Schelly erstrebenswert.

Jeder Tierliebhaber muss herausfinden, was er sich und seinem Tier zumuten kann und will. Jedes Tier hat seine eigenen Bedürfnisse und es ist wichtig, diesen so gerecht als irgend möglich zu werden.

Anstatt wegzufahren, bekam ich öfter mal Besuch, was Schelly immer als Abwechslung und interessant empfand. Sie hatte keine Berührungsängste und keinerlei Aggression trübte mehr das Miteinander.

Machte ich ihr nicht gleich die Tür auf, so versuchte sie umgehend, Besucher im Gästezimmer in der Nähe der Haustür zu aktivieren ... Eine kleine Schelmin ...

Ihre schlechtere Sicht schien sie zunehmend zu beeinträchtigen. Ich konnte kaum mehr mit ihr spielen, weil sie die Spielzeuge nicht mehr erkennen konnte. Auf ihren Katzenbaum hinauf kam sie völlig problemlos, aber nicht mehr abwärts und purzelte neuerdings manchmal hinunter.

Es gibt zwei Möglichkeiten, vor dem Elend des Lebens zu flüchten: Musik und Katzen.

Albert Schweitzer

Ich nahm den Katzenbaum weg und stellte eine hübsche Höhle an den Platz.

Erst schaute sie staunend und fragend, dann aber krabbelte sie hinein und kuschelte sich stundenlang in die warme und weiche Babydecke. Ein Stein fiel mir vom Herzen.

Zum Sommer hin begann sie, scheinbar grundlos, immer wieder einmal einige Male hintereinander eindringlich zu miauen. Das geschah z.B., wenn sie draußen auf der Terrasse auf dem Sessel schlief.

Oder auch, wenn sie in der Nähe der Treppe im Freien war, auch mal bei der Nachbarin in deren Keller. Es schien mir, als würde sie nach jemandem rufen und auf Antwort warten, um sich zu vergewissern, dass jemand in der Nähe war, weil sie es nicht mehr erkennen konnte.

Die Wege in der Wohnung, das Aufs-Bett-Springen, auch bei wenig Licht, die Wege draußen waren ihr vertraut, aber auf die Nähe wurde es schwierig. Mir war bereits bekannt, dass Katzen auf die Nähe ab ca. 30 cm und darunter nicht besonders gut sehen, aber ersichtlich wurde das Problem akuter.

Auch beim Betreten ihrer Höhle verfehlte sie manches Mal den Eingang und korrigierte sich.

Wenn ich sie rief, schaute sie in meine Richtung, ihre Augen aber schienen durch mich hindurchzusehen.

Das tat mir sehr leid. Trotzdem konnte sie ihren Alltag noch bestens meistern. Sie benutzte perfekt ihre Katzentoilette und stieg problemlos die Treppen rauf und runter.

Der Sommer hatte seine Hochzeit schon hinter sich und der August neigte sich dem Ende. Ich hatte einige Tage Besuch und am 26. August am frühen Nachmittag brachte ich meinen Besuch zum Bahnhof. Danach ging es noch kurz in den Supermarkt.

Nach etwas mehr als einer Stunde kam ich zurück und fand Schelly in jämmerlichem Zustand. Ich weiß nicht, was in dieser Stunde passiert ist.

Sie hatte keine Kontrolle mehr über ihre Hinterläufe. Ich möchte hier nicht nochmals alles beschreiben ...

Das tut mir einfach weh ...

Ich war schockiert. Sogleich rief ich meine Tierärztin an und fuhr mit Schelly zu ihr. Sie hasste den Transport in der Box und miaute. Da ich wusste, dass sie nicht in der Lage war,

aus der Box zu krabbeln, öffnete ich das Gatter und berührte sie mit meiner Hand vorsichtig und zärtlich. Das schien sie etwas zu beruhigen.

Es sah nach Schlaganfall aus. Dennoch wollten wir ihr über Nacht nochmals Zeit lassen und Schelly bekam eine Medikation. Ich werde diese Nacht nicht vergessen. Bis spätabends blieb sie bei geöffneter Tür in der Box und versuchte dann, sich herauszuschaffen.

Ich half ihr dabei. Die Transportbox hatte viele Monate unter dem Glasesstisch zwischen zwei Stühlen auf einem dicken Teppich gestanden. Sie lag sehr gern darin auf einer warmen Decke. Sie hatte also keine Angst vor der Box.

Ich hatte für die Katze und mich Decken und Kissen um die Box herum drapiert und streichelte sie vorsichtig immer wieder mit beruhigender und liebevoller Stimme. Sie war unruhig und suchte meine Nähe.

Es war weit nach Mitternacht geworden. Da nahm ich sie auf den Arm, was ich nie zuvor gewagt hatte und ließ mich mit ihr auf dem Sofa nieder. Ich hielt sie in meinen Armen vor der Brust und sie wurde ruhiger. Sie presste sich förmlich an mich und schien genau DAS gesucht zu haben:

Geborgenheit, Wärme und Liebe. So blieben wir gemeinsam, halb sitzend und halb liegend, auf dem Sofa bis zum Morgengrauen. Mir war klar, dass es mit an Sicherheit grenzender Wahrscheinlichkeit unsere letzte gemeinsame Nacht sein würde.

Am nächsten Morgen 10 Uhr hatten wir einen neuen Termin bei der Ärztin. Schelly schien jetzt auch Wasser in der Lunge zu haben.

An ihrem Zustand hatte sich nichts geändert.

Wir waren uns einig, dass wir Schelly nicht unnötig quälen wollten und meine geliebte kleine Schelly trat ihre letzte Reise in den Katzenhimmel an.

Nie hätte ich gedacht, dass meine Schelly so schnell gehen würde. Ich war sehr, sehr traurig ... Immer wieder ist es ein großer Schmerz, ein Tier loslassen zu müssen. Mein einziger Trost ist, dass sie nicht allzu sehr und lang leiden musste.

Ich hatte mich so sehr an Schelly gewöhnt.

Ich sah sie immerzu um die Ecke vom Flur ins Wohnzimmer biegen, wenn sie von draußen kam, sich schon laut miauend ankündigend.

Ich stellte sie in ihrer Box ins Gästezimmer und deckte sie sanft zu. Immer wieder einmal ging ich zu ihr, nahm vorsichtig die Decke zurück, streichelte ihr weiches Fell und sprach mit ihr.

Wie schlafend lag sie da ...

Ich bestellte eine Tierbox aus schönem Holz für Schelly und begrub sie an einem spätsommerlichen Nachmittag neben Mia. Es war sehr ruhig und man hörte wiederum nur den Wind sanft durch die Baumkronen streifen. Wie damals bei Mia ... Jetzt konnte ich mich von Schelly verabschieden ...

In meinem Herzen aber bleibt sie weiterhin ganz präsent bis heute, etwas mehr als zwei Monate nach ihrer Reise wohin auch immer ...

Sie wird immer zu meinem Leben gehören und einen wichtigen Platz darin einnehmen. Wie alle anderen Tiere in meinem Leben auch.

Vor allem bin ich sehr glücklich, ihr nochmals 16 Monate die große Freiheit und ein schönes Leben geboten zu haben.

Eines ist überaus wichtig zu verstehen:

Niemals sollte man Tiere im Tierheim ausschließlich nach ihrem dortigen Verhalten beurteilen! Viele dieser Tiere sind sehr gestresst und können deshalb mehr oder weniger aggressiv und ängstlich sein.

Ich habe in den vergangenen fast drei Jahren mit zwei Katzen erfahren, dass sich ihr Verhalten komplett ändern kann hin zu einer Ausgeglichenheit, Zuneigung, Zärtlichkeit, Anhänglichkeit und auch physischer Nähe und Wertschätzung von Berührungen, die man so nicht für möglich gehalten hätte.

Das ist der Lohn liebevoller und geduldiger Hingabe an ein solches Wesen.

Ich möchte die Zeit mit Schelly nicht missen und bin ihr von Herzen dankbar für alles, was ich von ihr lernen und ihr geben durfte.

Schelly hat im Sturm mein Herz erobert, wie schon viele andere Tiere vor ihr.

Wie wichtig ist es, schon kleine Kinder behutsam an den Umgang mit Tieren heranzuführen und wie falsch ist es, sie davon ängstlich oder ablehnend abzuhalten.

Am liebevollen und rücksichtsvollen sowie verantwortungsvollen Umgang mit Tieren können Kinder ihre sozialen Kompetenzen schulen, ihre Fähigkeit, zu lieben. Sie lernen Respekt und Achtung vor unseren Erdmitbewohnern.

Und damit lernen Kinder hoffentlich auch Respekt und Achtung vor ihren menschlichen Mitgefährten.

Wir leben in Zeiten, wo Gewalt, physisch, psychisch oder beides, scheinbar oftmals wieder und zunehmend das Mittel der Wahl ist. Das muss jeden friedvollen Menschen bestürzen.

Lassen wir doch einfach nicht zu, dass sich die Gewaltspirale weiter und immer schneller zu drehen scheint.

Setzen wir all unsere Liebe dagegen für Mensch und Tier und lassen wir uns nicht hineinziehen in einen zerstörerischen Strudel. Weigern wir uns, Unmenschlichkeiten zu akzeptieren oder gar mitzumachen!

**Es lebe die Liebe,
der Frieden,
die Freude und
die Freiheit!**

IMPRESSUM

Bibliographische Information
der Deutschen Nationalbibliothek:
Die Deutsche Nationalbibliothek verzeichnet diese Publikation in der Deutschen Nationalbibliografie; detaillierte bibliografische Daten sind im Internet über www.dnb.de abrufbar.

Brigitte Meyer-Simon Verlag
Am Blankenmoor 11a
D-38518 Gifhorn

Gestaltung/Satz:
Werner Liebchen, www.liebchendesign.de
Titelbild: www.freepik.com/Little Creator

Photos:
Brigitte Meyer-Simon

Druck:
Libri Plureos GmbH, Friedensallee 273,
22763 Hamburg
ISBN: 978-3-930965-70-0

www.ingramcontent.com/pod-product-compliance
Lightning Source LLC
LaVergne TN
LVHW010057061026
849532LV00007BA/2443